建筑业五大伤害危险认知与预防系列漫画读本

建筑施工高处作业的危险认知与预防

主编 夏秀英

中国建筑工业出版社

图书在版编目(CIP)数据

建筑施工高处作业的危险认知与预防/夏秀英主编.—北京：中国建筑工业出版社，2010.5
（建筑业五大伤害危险认知与预防系列漫画读本）
ISBN 978-7-112-12070-3

Ⅰ.建… Ⅱ.夏… Ⅲ.高空作业－安全技术
Ⅳ.TU744

中国版本图书馆CIP数据核字(2010)第076990号

建筑业五大伤害危险认知与预防系列漫画读本
建筑施工高处作业的危险认知与预防
主编 夏秀英

*

中国建筑工业出版社出版、发行（北京西郊百万庄）
各地新华书店、建筑书店经销
北京天成排版公司制版
北京建筑工业印刷厂印刷

*

开本：787×1092毫米 1/32 印张：3 字数：86千字
2010年5月第一版 2010年5月第一次印刷
定价：10.00元
ISBN 978-7-112-12070-3
(19312)

版权所有 翻印必究
如有印装质量问题，可寄本社退换
（邮政编码 100037）

本书用漫画的形式将建筑施工现场的安全注意事项表示出来，能够让一线的施工人员很快掌握安全知识。共分4部分，分别是：漫画故事、事故案例分析与练习试题、《建筑施工高处作业安全技术规范》班组学习提纲、试题答案。

本书可供从事建筑施工一线班组安全教育学习使用，也可作为一线施工人员安全技能培训教材。

* * *

责任编辑：胡明安
责任设计：李志立
责任校对：兰曼利　关　健

编者名单

主　编：夏秀英

参　编：袁　渊　李博识　赛　菡　于祥琳
　　　　张晓翠

绘　画：李博识　赛　菡

前　言

多年来，高处坠落事故一直居于建筑施工现场"五大伤害"之首，其死亡人数占到施工现场全部事故死亡人数的35%左右。从众多案例中可以看出，"人的不安全行为"是导致事故发生的重要因素。因此，提高施工生产一线人员自我保护意识、加强对一线操作工人的安全生产知识培训是预防高处坠落事故发生的一项必要举措。

如果有一本书既可以用于生产单位安全培训教育，又可以成为农民工学习安全知识，掌握安全生产技能的教材，那么高处坠落事故将得到有效的预防。本书从实际工作遇到的问题出发，根据操作人员工作时所处的不同部位，进行故事创作。书中以三个主要人物的活动为主线，选取贴近生活的场景，运用轻松幽默的对白，通过简洁明了的画面，讲述高处作业的安全防护知识，让广大一线班组人员在轻松一笑的同时收获更多的安全知识。

在突出可读性和趣味性的同时，本书更加注重实用性和知识性。为了使一线班组人员更有效的学习和掌握安全要领，本书精心选编了《建筑施工高处作业安全技术规范》，列出规范要点和学习提纲，使学习人员在了解基本常识的基础上，明白"人"的行为的关键点，使学习更加系统化、知识化、人性化。

为了更加符合广大工人朋友的阅读习惯，使本书成为农民工朋友看得懂、愿意看的安全教材，编者在成书过程中，深入施工一线，向广大农民工搜寻故事素材，征求意见和建议。在此，编者再次向给予我们大力支持的农民工朋友表示衷心的感谢！

本书从创作到编写均由致力于安全文化宣传教育工作的志愿者完成。他们为本书的编写倾注了爱心，付出了大量的时间和精力，希望通过自己的努力，能为现场的工人师傅们带来一些帮助。恳请广大的工人师傅们多提宝贵意见。

特别鸣谢：
中建一局集团北京科技大学教学科研楼项目部
湖北省孝昌县天祥建筑劳务公司
安徽省安庆市建筑劳务有限责任公司
重庆市天晖建筑劳务有限责任公司

目 录

1. 漫画故事 ··· 1
   1.1 安全与生命的邂逅 ·· 2
   1.2 临边作业 ··· 4
   1.3 洞口作业 ··· 12
   1.4 高处作业 ··· 15
   1.5 攀登作业 ··· 22
   1.6 悬空作业 ··· 30
   1.7 操作平台与交叉作业 ·· 36
2. 事故案例分析与练习试题 ·· 41
   2.1 临边与洞口作业典型事故案例分析 ······················· 42
   2.2 临边与洞口作业练习试题 ····································· 43
   2.3 攀登与悬空作业典型事故案例分析 ······················· 44
   2.4 攀登与悬空作业练习试题 ····································· 45
   2.5 操作平台与交叉作业典型事故案例分析 ··············· 46
   2.6 操作平台与交叉作业练习试题 ····························· 48
3. 《建筑施工高处作业安全技术规范》
   班组学习提纲 ··· 51
   3.1 《建筑施工高处作业安全技术规范》 ··············· 52
   3.2 学习步骤 ··· 78
   3.3 《建筑施工高处作业安全技术规范》
       自然段落提示 ·· 79
   3.4 《建筑施工高处作业安全技术规范》
       核心内容提示 ·· 81

4. 试题答案 ·········· 85
4.1 临边与洞口作业练习试题答案 ·········· 86
4.2 攀登与悬空作业练习试题答案 ·········· 86
4.3 操作平台与交叉作业练习试题答案 ·········· 87

1. 漫 画 故 事

1.1 安全与生命的邂逅

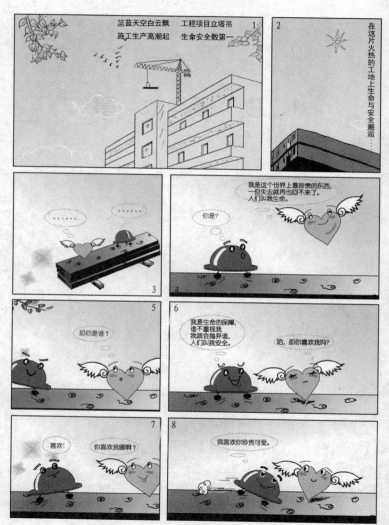

1.2 临边作业

安全保健康,千金及不上。

只有在阳光下,绿叶才有希望;只有在防范中,成果才有保障。

一根再细的头发也有它的影子，一个再小的事故也有它的苗子。

打蛇不死终是害,隐患不除祸无穷。

临边防护不能断,稍不留神小命完。

平时有张婆婆嘴,胜过事后"妈妈心"。

楼梯临边设防护，违章作业心犯怵。

谁忘了安全，就是拿自己命作赌注。

1.3 洞口作业

洞口随意倒垃圾，楼下工友要犯急。轻尘灰土打喷嚏，砖头瓦块鲜血滴。

1.2m是防护门，2层一挂是安全网。

　　安全检查是隐患的"扫描仪",互助体系是安全的"助力器"。

1.4 高处作业

事故牵动千万家,安全要靠你我他。

精神集中把活干，游戏娱乐在地面。

登高作业勿嬉闹,高空坠落命悬了。

一步失误全局皆输,一环薄弱全局必垮。

晴带雨伞饱带粮,事故未出宜先防。

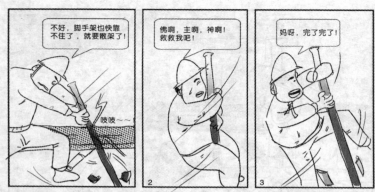

使人走向深渊的是邪念而不是双脚；使人遭遇不幸的是麻痹而非命中注定。

瞎马乱闯必惹祸,操作马虎必出错。

1.5 攀登作业

安全多下及时雨,教育少放马后炮。

小洞不补大洞难堵,小患不防大患难挡。

脚手架上玩接抛,这可算是要命招。

事故防在先,处处保平安。

攀登不系安全带,一脚踩空全交代。

细小的漏洞不补，事故的洪流难堵。

事故教训是镜子,安全经验是明灯。

常添灯草勤加油,常敲警钟勤堵漏。

1.6 悬空作业

安全交底仔细看,指导工作保平安。

裸露绳索真危险，勤检勤查及时换。

限位器、警戒线、坠铁,悬空作业必备工具。

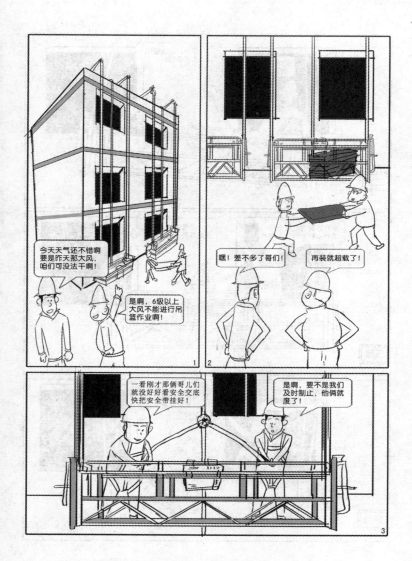

大风六级吊篮停,按量装载保运行。

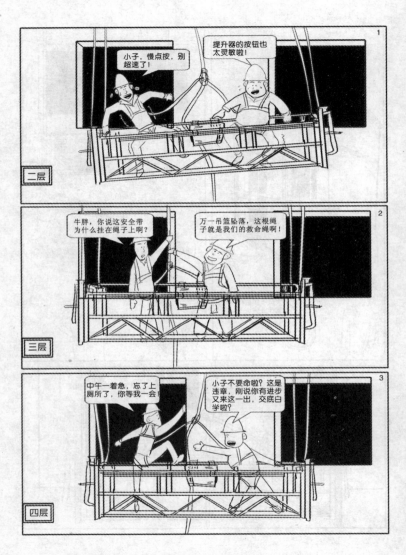

空中跨篮太危险,刘翔见了都闭眼。

一人把关一处安,众人把关稳如山。

1.7 操作平台与交叉作业

宁走千步远,不走一步险;宁可多流汗,也要保安全。

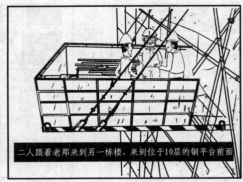

卸料平台有限重，具体量化好执行。

平台没有防护栏,干活怎么都觉悬,遵规守矩消隐患,平安回乡庆团圆!

2. 事故案例分析与练习试题

2.1 临边与洞口作业典型事故案例分析

事故案例：

(1) 某住宅楼临边坠落事故

事故经过：

施工人员武某在某住宅楼9层厨房间阳台施工楼面进行管道两侧抹水泥砂浆时，将阳台防护栏杆拆除。下午15时40分左右，一名新进场的工人在作业时不慎从无防护的阳台处坠落至首层室外采光井上，被采光井竖向两根钢筋穿过身体的胸侧面和右脚踝处，经医院抢救无效死亡。两人均未经过安全教育。

事故原因：

1) 事故发生地点处阳台的临边防护被拆除，建筑物的四周没有搭设防护网，防护措施不到位。

2) 施工现场没有对施工人员进行安全教育，没有进行安全技术交底。

(2) 某工程洞口坠落事故

事故经过：

抹灰班班长杨某指派张某等人进行斜屋面找平层施工。施工人员张某等人用塔吊将水泥砂浆从地面吊运到6层的施工地点，当吊斗转至作业面地点后落钩过程中吊斗旋转，张某为躲避吊斗，从屋脊北坡斜屋面800mm×1200mm的天窗坠落至6层室内地面，坠落高度4.5m，使其头部受伤死亡。

事故原因：

1) 斜屋面施工时，屋面洞口无任何防护措施，导致事故的发生。

2) 作业人员自我保护意识差，在洞口没有防护的情况下，仍继续作业。同时，在施工过程中安全帽也未按要求系好下颚带，导致其跌落过程中安全帽脱落，造成头部损伤加重。

2.2 临边与洞口作业练习试题

第一、填空题

(1) 凡在坠落高度基准面_____以上，有可能坠落的高处进行的作业，统称为高处作业。

(2) 因作业必须临时拆除或变动安全防护设施时，必须经_____同意，并采取相应的可靠措施，作业后应_____。

(3) 防护栏杆应由上、下两道横杆及栏杆柱组成，上杆离地高度为_____，下杆离地高度为_____。

(4) 电梯井口必须设_____或_____；电梯井内应每隔__层并最多隔____设一道安全网。

(5) 边长在____以上的洞口，四周应设_____，洞口下应张设_____。

第二、判断题

(1) 临边作业是指施工现场中工作面边沿无围护设施或围护设施高度低于700mm时的高处作业。（　　）

(2) 井架与施工用电梯和脚手架等与建筑物通道的两侧边，必须设防护栏杆。（　　）

(3) 施工现场通道附近的各类洞口与坑槽等处，设置了防护设施与安全标志后，夜间可以不设红灯示警。（　　）

(4) 基坑周边，尚未安装栏杆或栏板的阳台、料台与挑平台周边，雨篷与挑檐边，无外脚手的屋面与楼层周边及水箱与水塔周边等处，都必须设置防护栏杆。（　　）

(5) 楼板、屋面和平台等面上短边尺寸小于25cm的洞口

可根据实际情况考虑是否进行防护。（　　）

(6)洞口的盖板必须能保持四周搁置均衡，并有固定位置的措施。（　　）

第三、案例分析题

某轻轨车站装修工地工程，土建施工进入收尾阶段，现场有多家施工单位同时施工。某施工队人员在施工中行走在2～3层外挂楼梯时，不慎从楼梯无防护一侧坠落至地面死亡，坠落高度约7m。

请分析上述事故的原因及预防措施。

2.3 攀登与悬空作业典型事故案例分析

事故案例：

(1)某厂房工程高处坠落事故

事故经过：

在某厂房钢结构安装过程中，工人李某等5人在距离地面约6m的钢结构天车梁上负责天沟板的安装。5人均系安全带进行作业。在挪动天沟板过程中由于安全带长度不够，李某解开安全带去推动天沟板，在推动时天沟板天车梁滑落至地面，李某失去重心一同坠落，送到医院后不治死亡。

事故原因：

1)施工现场安全防护措施设置不当，施工人员在作业时没有完全处在安全保护的状态下。

2)施工单位管理人员现场监管不到位，未及时纠正工人违章作业。

3)施工人员施工作业时解开安全带造成高处坠落导致死亡。

(2)某钢结构工程高处坠落事故

事故经过：

施工作业人员在钢结构施工现场顶面钢结构上弦进行作业面清理工作。董某在前、王某在后抬配电箱沿着顶面钢结构上弦行走，行走中，配电箱剐碰到钢结构上，配电箱发生侧翻坠落，同时将在前面行走的董某带下。董某穿过被配电箱冲击破坏的下弦安全网坠落到地面，坠落高度约50m，事故发生后董某被送往医院，经抢救无效死亡。

事故原因：

1) 配电箱从上弦落到下弦安全网，将安全网冲破，导致董某从破裂的安全网洞口坠落至地面，安全网不符合国家标准。

2) 钢结构上弦行走处，没有设置安全防护措施，并且在行走路线上存在障碍物。

2.4 攀登与悬空作业练习试题

第一、填空题

(1) 上下梯子时，必须_____，且不得手持器物。

(2) 立梯工作角度以_____为宜，踏板上下间距以____为宜，不得有缺档。

(3) 折梯使用时上部夹角以_____为宜，____必须牢固，并应有可靠的拉撑措施。

(4) 吊装中的大模板和预制构件以及石棉水泥板等屋面板上，严禁____和____。

(5) 浇筑离地2m以上框架、过梁、雨篷和小平台时，应设_____，不得直接站在____或_____上操作。

(6) 绑扎圈梁、挑梁、挑檐、外墙和边柱等钢筋时，应搭设_____和_____。

第二、判断题

(1) 梯脚底部应坚实,在长度不够的情况下允许垫高使用。(　　)

(2) 屋架吊装以前,应在上弦设置防护栏杆。(　　)

(3) 绑扎立柱和墙体钢筋时,可以站在钢筋骨架上或攀登骨架上下。(　　)

(4) 梯子如需接长使用,必须有可靠的连接措施,且接头不得超过2处。(　　)

(5) 门口通道处使用梯子应有专人看护,防止碰撞摔倒。(　　)

(6) 特殊情况下如无可靠的安全设施,必须系好安全带并扣好保险钩,或架设安全网。(　　)

第三、案例分析题

某脚手架搭设作业高处坠落事故

事故经过:

某工程正由作业人员在南区4层进行脚手架搭设作业,作业人员宋某在脚手架上进行脚手板铺设作业。塔吊将一摞脚手板吊运到脚手架上,宋某在摘除吊点的卡环过程中,身体失稳,由于当时宋某所佩戴的安全带没有进行拴挂,不慎从落差12m的脚手架上坠落到地面。送医院抢救无效死亡。

请分析事故原因及预防措施。

2.5　操作平台与交叉作业典型事故案例分析

事故案例:

(1) 某操作平台高处坠落事故

事故经过:

5月10日，分包单位到总包单位办理进场手续时，总包单位项目部发现该单位没有施工资质和安全生产许可证，当即表示不得进场施工。5月24日，总包单位向分包单位发出书面停工指令，令其停止现场一切工作，停工指令同时抄送建设单位和监理单位。

5月26日下午16时左右，分包单位三名人员私自进入施工现场，擅自从消防分包单位的施工地点拉过来一个作为放料平台的小型脚手架使用，在安装防火板过程中，分包单位人员张某从架上坠落到地下2层死亡。

事故原因：

1) 违章作业。如果是正常施工，应搭设脚手架。

2) 分包单位明知总包单位不允许其进入施工现场，并下达停工通知，该单位擅自使用其他单位放料平台做操作平台使用，在安装防火板时，张某不慎坠落。

3) 分包单位不具备建筑施工资质，也未获得安全生产许可证，该单位不具备安全生产条件。

4) 建设单位将建设工程中的一项发包给不具备相应资质条件的承包单位。

(2) 交叉作业事故

事故经过：

施工单位机械工贾某与同班组人员进行砂浆搅拌作业，砂浆搅拌机未搭设防护棚，工人直接在距楼梯口6.3m处进行工作。当时屋面和室内都有工人进行施工。临近下班时，从12层掉下一根约2m长的钢管，将机械工贾某的安全帽击穿，击中头部死亡。

事故原因：

1) 砂浆搅拌机未按照规定搭设防砸、防雨的操作棚。

2) 针对交叉作业未进行必要的协调。
3) 操作人员安全意识淡薄。

2.6 操作平台与交叉作业练习试题

第一、填空题

(1) 结构施工自2层起，凡人员进出的通道口(包括井架、施工用电梯的进出通道口)，均应搭设_____。高度超过____的层次上的交叉作业，应设双层防护。

(2) 操作平台的面积不应超过____，高度不应超过____。

(3) 操作平台四周必须按临边作业要求设置_____，并应布置_____。

(4) 钢平台安装时，钢丝绳应采用专用的挂钩挂牢，采取其他方式时卡头的卡子不得少于____。

(5) 防护棚搭设与拆除时，应设_____，并应派_____。严禁上下_____

第二、判断题

(1) 支模、粉刷、砌墙等各工种进行上下立体交叉作业时，有人监督时可以在同一垂直方向上操作。(　　)

(2) 钢模板部件拆除后，临时堆放处离楼层边沿不应小于0.5m，堆放高度不得超过1.5m。(　　)

(3) 楼层边口、通道口、脚手架边缘等处，严禁堆放任何拆下物件。(　　)

(4) 交叉作业是指在施工现场的上下不同层次，于空间贯通状态下同时进行的高处作业。(　　)

(5) 操作平台上人员和物料的总重量，偶尔超过设计的容许荷载不会对平台产生重大隐患。(　　)

第三、案例分析题
　　某交叉作业物体打击事故
事故经过：
　　某工程施工人员何某进行槽内清理工作时，从上方掉下一根1m长的5cm×10cm的木方，砸在施工人员何某头部，致使死亡。
　　请分析事故原因。

3.《建筑施工高处作业安全技术规范》班组学习提纲

3.1 《建筑施工高处作业安全技术规范》

(JGJ 80—91)原文

中华人民共和国行业标准

第一章 总　则

第1.0.1条 为了在建筑施工高处作业中，贯彻安全生产的方针，做到防护要求明确，技术合理和经济适用，制订本规范。

第1.0.2条 本规范适用于工业与民用房屋建筑及一般构筑物施工时，高处作业中临边、洞口、攀登、悬空、操作平台及交叉等项作业。

第1.0.3条 本规范所称的高处作业，应符合国家标准《高处作业分级》GB 3608—83规定的"凡在坠落高度基准面2m以上(含2m)有可能坠落的高处进行的作业"。

第1.0.4条 进行高处作业时，除执行本规范外，尚应符合国家现行的有关高处作业及安全技术标准的规定。

第二章 基本规定

第2.0.1条 高处作业的安全技术措施及其所需料具，必须列入工程的施工组织设计。

第2.0.2条 单位工程施工负责人应对工程的高处作业安全技术负责并建立相应的责任制。

施工前，应逐级进行安全技术教育及交底，落实所有安全技术措施和人身防护用品，未经落实时不得进行施工。

第2.0.3条 高处作业中的安全标志、工具、仪表、电气设施和各种设备,必须在施工前加以检查,确认其完好,方能投入使用。

第2.0.4条 攀登和悬空高处作业人员及搭设高处作业安全设施的人员,必须经过专业技术培训及专业考试合格,持证上岗,并必须定期进行体格检查。

第2.0.5条 施工中对高处作业的安全技术设施,发现有缺陷和隐患时,必须及时解决;危及人身安全时,必须停止作业。

第2.0.6条 施工作业场所有坠落可能的物件,应一律先行撤除或加以固定。

高处作业中所用的物料,均应堆放平稳,不妨碍通行和装卸。工具应随手放入工具袋;作业中的走道、通道板和登高用具,应随时清扫干净;拆卸下的物件及余料和废料均应及时清理运走,不得任意乱置或向下丢弃。传递物件禁止抛掷。

第2.0.7条 雨天和雪天进行高处作业时,必须采取可靠的防滑、防寒和防冻措施。凡水、冰、霜、雪均应及时清除。

对进行高处作业的高耸建筑物,应事先设置避雷设施。遇有六级以下强风、浓雾等恶劣气候,不得进行露天攀登与悬空高处作业。暴风雪及台风暴雨后,应对高处作业安全设施逐一加以检查,发现有松动、变形、损坏或脱落等现象,应立即修理完善。

第2.0.8条 因作业必需,临时拆除或变动安全防护设施时,必须经施工负责人同意,并采取相应的可靠措施,作业后应立即恢复。

第2.0.9条 防护棚搭设与拆除时,应设警戒区,并应派专人监护。严禁上下同时拆除。

第2.0.10条 高处作业安全设施的主要受力杆件,力学计算按一般结构力学公式,强度及挠度计算按现行有关规范进行,但钢受弯构件的强度计算不考虑塑性影响,构造上应符合现行的相应规范的要求。

第三章 临边与洞口作业的安全防护

第一节 临边作业

第3.1.1条 对临边高处作业,必须设置防护措施,并符合下列规定:

一、基坑周边,尚未安装栏杆或栏板的阳台、料台与挑平台周边,雨篷与挑檐边,无外脚手的屋面与楼层周边及水箱与水塔周边等处,都必须设置防护栏杆。

二、头层墙高度超过3.2m的二层楼面周边,以及无外脚手的高度超过3.2m的楼层周边,必须在外围架设安全平网一道。

三、分层施工的楼梯口和梯段边,必须安装临时护栏。顶层楼梯口应随工程结构进度安装正式防护栏杆。

四、井架与施工用电梯和脚手架等与建筑物通道的两侧边,必须设防护栏杆。地面通道上部应装设安全防护棚。双笼井架通道中间,应予分隔封闭。

五、各种垂直运输接料平台,除两侧设防护栏杆外,平台口还应设置安全门或活动防护栏杆。

第3.1.2条 临边防护栏杆杆件的规格及连接要求,应符合下列规定:

一、毛竹横杆小头有效直径不应小于70mm,栏杆柱小头直径不应小于80mm，并须用不小于16号的镀锌钢丝绑扎，不应少于3圈，并无泻滑。

二、原木横杆上杆梢径不应小于70mm，下杆梢径不应小于60mm，栏杆柱梢径不应小于75mm。并须用相应长度的圆钉钉紧，或用不小于12号的镀锌钢丝绑扎，要求表面平顺和稳固无动摇。

三、钢筋横杆上杆直径不应小于16mm，下杆直径不应小于14mm。钢管横杆及栏杆柱直径不应小于18mm，采用电焊或镀锌钢丝绑扎固定。

四、钢管横杆及栏杆均采用$\phi 48 \times (2.75 \sim 3.5)$mm的管材，以扣件或电焊固定。

五、以其他钢材如角钢等作防护栏杆杆件时，应选用强度相当的规格，以电焊固定。

第3.1.3条 搭设临边防护栏杆时，必须符合下列要求：

一、防护栏杆应由上、下两道横杆及栏杆柱组成，上杆离地高度为1.0～1.2m，下杆离地高度为0.5～0.6m。坡度大于1：22的层面，防护栏杆应高1.5m，并加挂安全立网。除经设计计算外，横杆长度大于2m时，必须加设栏杆柱。

二、栏杆柱的固定应符合下列要求：

1. 当在基坑四周固定时，可采用钢管并打入地面50～70cm深。钢管离边口的距离，不应小于50cm。当基坑周边采用板桩时，钢管可打在板桩外侧。

2. 当在混凝土楼面、屋面或墙面固定时，可用预埋件与钢管或钢筋焊牢。采用竹、木栏杆时，可在预埋件上焊接30cm长的∟50×5角钢，其上下各钻一孔，然后用10mm螺栓与竹、木杆件拴牢。

3. 当在砖或砌块等砌体上固定时，可预先砌入规格相适应的80×6弯转扁钢作预埋铁的混凝土块，然后用上述方法固定。

三、栏杆柱的固定及其与横杆的连接，其整体构造应使防护栏杆在上杆任何处，能经受任何方向的1000N外力。当栏杆所处位置有发生人群拥挤、车辆冲击或物件碰撞等可能时，应加大横杆截面或加密柱距。

四、防护栏杆必须自上而下用安全立网封闭，或在栏杆下边设置严密固定的高度不低于18cm的挡脚板或40cm的挡脚笆。挡脚板与挡脚笆上如有孔眼，不应大于25mm。板与笆下边距离底面的空隙不应大于10mm。

接料平台两侧的栏杆，必须自上而下加挂安全立网或满扎竹笆。

五、当临边的外侧面临街道时，除防护栏杆外，敞口立面必须采取满挂安全网或其他可靠措施作全封闭处理。

第3.1.4条 临边防护栏杆的力学计算及构造形式见附录二。

第二节 洞口作业

第3.2.1条 进行洞口作业以及在因工程和工序需要而产生的，使人与物有坠落危险或危及人身安全的其他洞口进行高处作业时，必须按下列规定设置防护设施：

一、板与墙的洞口，必须设置牢固的盖板、防护栏杆、安全网或其他防坠落的防护设施。

二、电梯井口必须设防护栏杆或固定栅门；电梯井内应每隔两层并最多隔10m设一道安全网。

三、钢管桩、钻孔桩等桩孔上口，杯形、条形基础上口，未填土的坑槽，以及人孔、天窗、地板门等处，均应按洞口防护设置稳固的盖件。

四、施工现场通道附近的各类洞口与坑槽等处，除设置防护设施与安全标志外，夜间还应设红灯示警。

第3.2.2条 洞口根据具体情况采取设防护栏杆、加盖件、张挂安全网与装栅门等措施时，必须符合下列要求：

一、楼板、屋面和平台等面上短边尺寸小于25cm但大于2.5cm的孔口，必须用坚实的盖板盖住。盖板应防止挪动移位。

二、楼板面等处边长为25～50cm的洞口、安装预制构件时的洞口以及缺件临时形成的洞口，可用竹、木等作盖板，盖住洞口。盖板须能保持四周搁置均衡，并有固定其位置的措施。

三、边长为50～150cm的洞口，必须设置以扣件扣接钢管而成的网格，并在其上满铺竹笆或脚手板。也可采用贯穿于混凝土板内的钢筋构成防护网，钢筋网格间距不得大于20cm。

四、边长在150cm以上的洞口，四周设防护栏杆，洞口下张设安全平网。

五、垃圾井道和烟道，应随楼层的砌筑或安装而消除洞口，或参照预留洞口作防护。管道井施工时，除按上办理外，还应加设明显的标志。如有临时性拆移，需经施工负责人核准，工作完毕后必须恢复防护设施。

六、位于车辆行驶道旁的洞口、深沟与管道坑、槽，所加盖板应能承受不小于当地额定卡车后轮有效承载力2倍的荷载。

七、墙面等处的竖向洞口，凡落地的洞口应加装开关式、工具式或固定式的防护门，门栅网格的间距不应大于

15cm，也可采用防护栏杆，下设挡脚板(笆)。

八、下边沿至楼板或底面低于80cm的窗台等竖向洞口，如侧边落差大于2m时，应加设1.2m高的临时护栏。

九、对邻近的人与物有坠落危险性的其他竖向的孔、洞口，均应予以盖设或加以防护，并有固定其位置的措施。

第3.2.3条 洞口防护栏杆的杆件及其搭设应符合本规范第3.1.2条、第3.1.3条的规定。防护栏杆的力学计算见附录二之(一)，防护设施的构造形式见附录三。

第四章 攀登与悬空作业的安全防护

第一节 攀登作业

第4.1.1条 在施工组织设计中应确定用于现场施工的登高和攀登设施。现场登高应借助建筑结构或脚手架上的登高设施，也可采用载人的垂直运输设备。进行攀登作业时可使用梯子或采用其他攀登设施。

第4.1.2条 柱、梁和行车梁等构件吊装所需的直爬梯及其他登高用拉攀件，应在构件施工图或说明内作出规定。

第4.1.3条 攀登的用具，结构构造上必须牢固可靠。供人上下的踏板其使用荷载不应大于1100N。当梯面上有特殊作业，重量超过上述荷载时，应按实际情况加以验算。

第4.1.4条 移动式梯子，均应按现行的国家标准验收其质量。

第4.1.5条 梯脚底部应坚实，不得垫高使用。梯子的上端应有固定措施。立梯工作角度以75°±5°为宜，踏板上下间距以30cm为宜，不得有缺档。

第4.1.6条 梯子如需接长使用，必须有可靠的连接措施,且接头不得超过1处。连接后梯梁的强度,不应低于单梯梯梁的强度。

第4.1.7条 折梯使用时上部夹角以35°~45°为宜,铰链必须牢固,并应有可靠的拉撑措施。

第4.1.8条 固定式直爬梯应用金属材料制成。梯宽不应大于50cm,支撑应采用不小于∟70×6的角钢,埋设与焊接均必须牢固。梯子顶端的踏棍应与攀登的顶面齐平,并加设1~1.5m高的扶手。

使用直爬梯进行攀登作业时,攀登高度以5m为宜。超过2m时,宜加设护笼,超过8m时,必须设置梯间平台。

第4.1.9条 作业人员应从规定的通道上下,不得在阳台之间等非规定通道进行攀登,也不得任意利用吊车臂架等施工设备进行攀登。

上下梯子时,必须面向梯子,且不得手持器物。

第4.1.10条 钢柱安装登高时,应使用钢挂梯或设置在钢柱上的爬梯。挂梯构造见附录四附图4.1。

钢柱的接柱应使用梯子或操作台。操作台横杆高度,当无电焊防风要求时,其高度不宜小于1m,有电焊防风要求时,其高度不宜小于1.8m,见附录四附图4.2。

第4.1.11条 登高安装钢梁时,应视钢梁高度,在两端设置挂梯或搭设钢管脚手架,构造形式参见附录四附图4.3。

梁面上需行走时,其一侧的临时护栏横杆可采用钢索,当改用扶手绳时,绳的自然下垂度不应大于$l/20$,并应控制在10cm以内,见附录四附图4.4。l为绳的长度。

第4.1.12条 钢屋架的安装,应遵守下列规定:

一、在屋架上下弦登高操作时,对于三角形屋架应在屋脊处,梯形屋架应在两端,设置攀登时上下的梯架。材料可选用毛竹或原木，踏步间距不应大于40cm，毛竹梢径不应小于70mm。

二、屋架吊装以前，应在上弦设置防护栏杆。

三、屋架吊装以前，应预先在下弦挂设安全网；吊装完毕后，即将安全网铺设固定。

第二节 悬空作业

第4.2.1条 悬空作业处应有牢靠的立足处，并必须视具体情况，配置防护栏网、栏杆或其他安全设施。

第4.2.2条 悬空作业所用的索具、脚手板、吊篮、吊笼、平台等设备，均需经过技术鉴定或检证方可使用。

第4.2.3条 构件吊装和管道安装时的悬空作业，必须遵守下列规定：

一、钢结构的吊装，构件应尽可能在地面组装，并应搭设进行临时固定、电焊、高强螺栓连接等工序的高空安全设施，随构件同时上吊就位。拆卸时的安全措施，亦应一并考虑和落实。高空吊装预应力钢筋混凝土屋架、桁架等大型构件前，也应搭设悬空作业中所需的安全设施。

二、悬空安装大模板、吊装第一块预制构件、吊装单独的大中型预制构件时，必须站在操作平台上操作。吊装中的大模板和预制构件以及石棉水泥板等屋面板上，严禁站人和行走。

三、安装管道时必须有已完结构或操作平台为立足点，严禁在安装中的管道上站立和行走。

第4.2.4条 模板支撑和拆卸时的悬空作业，必须遵守下列规定：

一、支模应按规定的作业程序进行，模板未固定前不得进行下一道工序。严禁在连接件和支撑件上攀登上下，并严禁在上下同一垂直面上装、拆模板。结构复杂的模板，装、拆应严格按照施工组织设计的措施进行。

二、支设高度在3m以上的柱模板，四周应设斜撑，并应设立操作平台。低于3m的可使用马凳操作。

三、支设悬挑形式的模板时，应有稳固的立足点。支设临空构筑物模板时，应搭设支架或脚手架。模板上有预留洞时，应在安装后将洞盖好。混凝土板上拆模后形成的临边或洞口，应按本规范有关章节进行防护。

拆模高处作业，应配置登高用具或搭设支架。

第4.2.5条 钢筋绑扎时的悬空作业，必须遵守下列规定：

一、绑扎钢筋和安装钢筋骨架时，必须搭设脚手架和马道。

二、绑扎圈梁、挑梁、挑檐、外墙和边柱等钢筋时，应搭设操作台架和张挂安全网。

悬空大梁钢筋的绑扎，必须在满铺脚手板的支架或操作平台上操作。

三、绑扎立柱和墙体钢筋时，不得站在钢筋骨架上或攀登骨架上下。3m以内的柱钢筋，可在地面或楼面上绑扎，整体竖立。绑扎3m以上的柱钢筋，必须搭设操作平台。

第4.2.6条 混凝土浇筑时的悬空作业，必须遵守下列规定：

一、浇筑离地2m以上框架、过梁、雨篷和小平台时，应设操作平台，不得直接站在模板或支撑件上操作。

二、浇筑拱形结构，应自两边拱脚对称地相向进行。浇筑储仓，下口应先行封闭，并搭设脚手架以防人员坠落。

三、特殊情况下如无可靠的安全设施，必须系好安全带并扣好保险钩，或架设安全网。

第4.2.7条 进行预应力张拉的悬空作业时，必须遵守下列规定：

一、进行预应力张拉时，应搭设站立操作人员和设置张拉设备的牢固可靠的脚手架或操作平台。

雨天张拉时，还应架设防雨棚。

二、预应力张拉区域标示明显的安全标志，禁止非操作人员进入。张拉钢筋的两端必须设置挡板。挡板应距所张拉钢筋的端部1.5～2m，且应高出最上一组张拉钢筋0.5m，其宽度应距张拉钢筋两外侧各不小于1m。

三、孔道灌浆应按预应力张拉安全设施的有关规定进行。

第4.2.8条 悬空进行门窗作业时，必须遵守下列规定：

一、安装门、窗，油漆及安装玻璃时，严禁操作人员站在樘子、阳台栏板上操作。门、窗临时固定，封填材料未达到强度，以及电焊时，严禁手拉门、窗进行攀登。

二、在高处外墙安装门、窗，无外脚手时，应张挂安全网。无安全网时，操作人员应系好安全带，其保险钩应挂在操作人员上方的可靠物件上。

三、进行各项窗口作业时，操作人员的重心应位于室内，不得在窗台上站立，必要时应系好安全带进行操作。

第五章　操作平台与交叉作业的安全防护

第一节　操作平台

第5.1.1条 移动式操作平台，必须符合下列规定：

一、操作平台应由专业技术人员按现行的相应规范进行设计，计算书及图纸应编入施工组织设计。

二、操作平台的面积不应超过$10m^2$，高度不应超过$5m$。还应进行稳定验算，并采用措施减少立柱的长细比。

三、装设轮子的移动式操作平台，轮子与平台的接合处应牢固可靠，立柱底端离地面不得超过80mm。

四、操作平台可用$\phi(48\sim51)\times3.5mm$钢管以扣件连接，亦可采用门架式或承插式钢管脚手架部件，按产品使用要求进行组装。平台的次梁，间距不应大于40cm；台面应满铺3cm厚的木板或竹笆。

五、操作平台四周必须按临边作业要求设置防护栏杆，并应布置登高扶梯。

第5.1.2条 悬挑式钢平台，必须符合下列规定：

一、悬挑式钢平台应按现行的相应规范进行设计，其结构构造应能防止左右晃动，计算书及图纸应编入施工组织设计。

二、悬挑式钢平台的搁支点与上部拉结点，必须位于建筑物上，不得设置在脚手架等施工设备上。

三、斜拉杆或钢丝绳，构造上宜两边各设前后两道，两道中的每一道均应作单道受力计算。

四、应设置4个经过验算的吊环。吊运平台时应使用卡环，不得使吊钩直接钩挂吊环。吊环应用甲类3号(Q235)沸腾钢制作。

五、钢平台安装时，钢丝绳应采用专用的挂钩挂牢，采取其他方式时卡头的卡子不得少于3个。建筑物锐角利口围系钢丝绳处应加衬软垫物，钢平台外口应略高于内口。

六、钢平台左右两侧必须装置固定的防护栏杆。

七、钢平台吊装，需待横梁支撑点电焊固定，接好钢丝绳，调整完毕，经过检查验收，方可松卸起重吊钩，上下操作。

八、钢平台使用时，应有专人进行检查，发现钢丝绳有锈蚀损坏应及时调换，焊缝脱焊应及时修复。

第5.1.3条 操作平台上应显著地标明容许荷载值。操作平台上人员和物料的总重量，严禁超过设计的容许荷载。应配备专人加以监督。

第5.1.4条 操作平台的力学计算与构造形式见附录五之(一)、(二)。

第二节 交叉作业

第5.2.1条 支模、粉刷、砌墙等各工种进行上下立体交叉作业时，不得在同一垂直方向上操作。下层作业的位置，必须处于依上层高度确定的可能坠落范围半径之外。不符合以上条件时，应设置安全防护层。

第5.2.2条 钢模板、脚手架等拆除时，下方不得有其他操作人员。

第5.2.3条 钢模板部件拆除后，临时堆放处离楼层边沿不应小于1m，堆放高度不得超过1m。楼层边口、通道口、脚手架边缘等处，严禁堆放任何拆下物件。

第5.2.4条 结构施工自二层起，凡人员进出的通道口(包括井架、施工用电梯的进出通道口)，均应搭设安全防护棚。高度超过24m的层次上的交叉作业，应设双层防护。

第5.2.5条 由于上方施工可能坠落物件或处于起重机

把杆回转范围之内的通道，在其受影响的范围内，必须搭设顶部能防止穿透的双层防护廊。

第5.2.6条 交叉作业通道防护的构造形式见附录六。

第六章 高处作业安全防护设施的验收

第6.0.1条 建筑施工进行高处作业之前，应进行安全防护设施的逐项检查和验收。验收合格后，方可进行高处作业。验收也可分层进行，或分阶段进行。

第6.0.2条 安全防护设施，应由单位工程负责人验收，并组织有关人员参加。

第6.0.3条 安全防护设施的验收，应具备下列资料：

一、施工组织设计及有关验算数据；

二、安全防护设施验收记录；

三、安全防护设施变更记录及签证。

第6.0.4条 安全防护设施的验收，主要包括以下内容：

一、所有临边、洞口等各类技术措施的设置状况；

二、技术措施所用的配件、材料和工具的规格和材质；

三、技术措施的节点构造及其与建筑物的固定情况；

四、扣件和连接件的紧固程度；

五、安全防护设施的用品及设备的性能与质量是否合格的验证。

第6.0.5条 安全防护设施的验收应按类别逐项查验，并作出验收记录。凡不符合规定者，必须修整合格后再行查验。施工工期内还应定期进行抽查。

附录一 本规范名词解释

本规范名词解释见附表1.1。

本规范名词解释   附表1.1

名词	说 明
临边作业	施工现场中,工作面边沿无围护设施或围护设施高度低于80cm时的高处作业
孔	楼板、屋面、平台等面上,短边尺寸小于25cm的;墙上,高度小于75cm的孔洞
洞	楼板、屋面、平台等面上,短边尺寸等于或大于25cm的孔洞;墙上,高度等于或大于75cm,宽度大于45cm的孔洞
洞口作业	孔与洞,边口旁的高处作业,包括施工现场及通道旁深度在2m及2m以上的桩孔、人孔、沟槽与管道、孔洞等边沿上的作业
攀登作业	借助登高用具或登高设施,在攀登条件下进行的高处作业
悬空作业	在周边临空状态下进行的高处作业
操作平台	现场施工中用以站人、载料并可进行操作的平台
移动式操作平台	可以搬移的用于结构施工、室内装饰和水电安装等的操作平台
悬挑式钢平台	可以吊运和搁置于楼层边的用于接送物料和转运模板等的悬挑形式的操作平台,通常采用钢构件制作
交叉作业	在施工现场的上下不同层次,于空间贯通状态下同时进行的高处作业

附录二 临边作业防护栏杆的计算及构造实例

防护栏杆横杆上杆的计算,应按本规范第3.1.3条第三款的规定,以外力为活荷载(可变荷载),取集中荷载作用于杆件中点,按公式(附2-1)计算弯矩,并按公式(附2-2)计算弯曲强度。需要控制变形时,尚应按公式(附2-3)计算挠度。荷载设计值的取用,应符合现行的《建筑结构荷载规范》

GB J9—87(该规范已经修订,规范号为GB 50009—2001)的有关规定。强度设计值的取用,应符合相应的结构设计规范的有关规定。

一、弯矩:

$$M = \frac{Fl}{4} \qquad \text{(附2-1)}$$

式中 M——上杆承受的弯矩最大值(N·m);
F——上杆承受的集中荷载设计值(N);
l——上杆长度(m)。

二、弯曲强度:

$$M \leqslant W_n f \qquad \text{(附2-2)}$$

式中 M——上杆的弯矩(N·m);
W_n——上杆净截面抵抗矩(cm^3);
f——上杆抗弯强度设计值(N/mm^2)。

三、挠度:

$$\frac{Fl^3}{48EI} \leqslant 容许挠度 \qquad \text{(附2-3)}$$

式中 F——上杆承受的集中荷载标准值(N);
l——上杆长度(m),计算中采用$l \times 10^3$mm;
E——杆件的弹性模量(N/mm^2),钢材可取$206 \times 10^3 N/mm^2$;
I——杆件截面惯性矩(mm^4)。

注:(1)计算中,集中荷载设计值F,应按可变荷载(活荷载)的标准值Q_K=1000N乘以可变荷载的分项系γ_Q=1.4取用。
(2)抗弯强度设计值,采用钢材时可按f=215N/mm^2取用。
(3)挠度及容许挠度均以mm计。

四、构造实例

屋面和楼层临边的防护栏杆见附图2.1,楼梯、楼层和阳台临边防护栏杆见附图2.2，通道侧边防护栏杆见附图2.3。

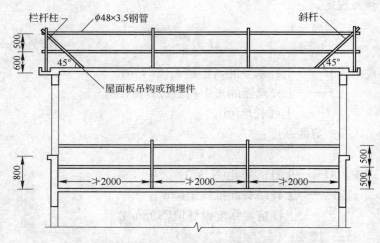

附图 2.1 屋面和楼层临边的防护栏杆

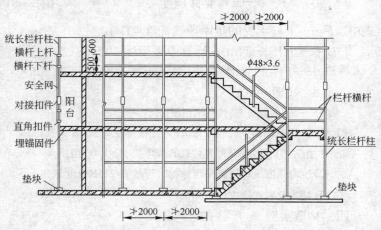

附图 2.2 楼梯、楼层和阳台临边防护栏杆

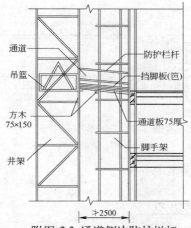

附图 2.3 通道侧边防护栏杆

附录三 洞口作业安全设施实例

洞口防护栏杆见附图3.1，洞口钢筋防护网见附图3.2，

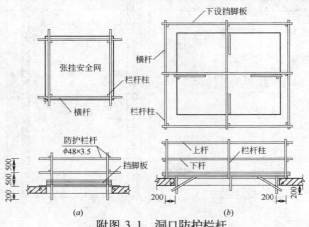

附图 3.1 洞口防护栏杆

(a)边长1500~2000的洞口；(b)边长2000~4000的洞口

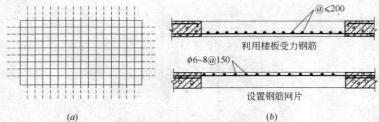

附图 3.2 洞口钢筋防护网
(a)平面图；(b)剖面图

电梯井口防护门见附图3.3。

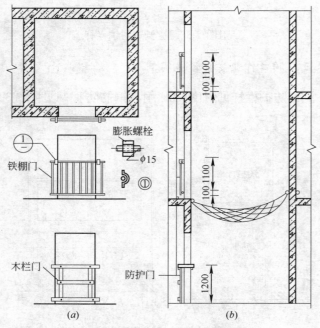

附图 3.3 电梯井口防护门
(a)立面图；(b)剖面图

附录四 攀登作业安全设施实例

钢柱登高挂梯见附图4.1，钢柱接柱用操作台见附图4.2，钢梁登高设施见附图4.3，梁面临时护栏见附图4.4。

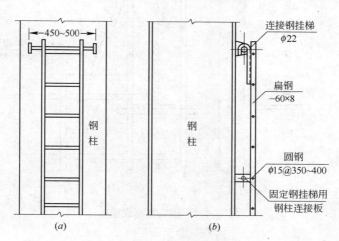

附图 4.1 钢柱登高挂梯

(a)立面图；(b)剖面图

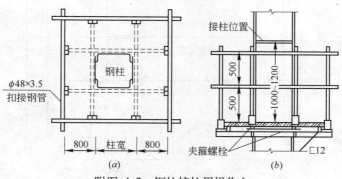

附图 4.2 钢柱接柱用操作台

(a)平面图；(b)立面图

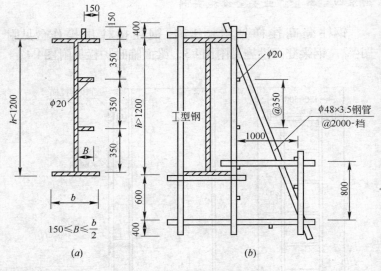

附图 4.3 钢梁登高设施
(a)爬梯；(b)钢管挂脚手

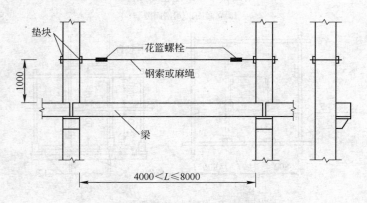

附图 4.4 梁面临时护栏

附录五 操作平台的计算及构造实例

一、移动式操作平台

(一)杆件计算:

操作平台可以$\phi 48 \times 3.5mm$镀锌钢管作次梁与主梁,上铺厚度不小于30mm的木板作铺板。铺板应予固定,并以$\phi 48 \times 3.5mm$的钢管作立柱。杆件计算可按下列步骤进行。荷载设计值与强度设计值的取用同附录二。

(1) 次梁计算:

1) 恒荷载(永久荷载)中的自重,钢管以40N/m计,铺板以220N/m²计;施工活荷载(可变荷载)以1500N/m²计。

按次梁承受均布荷载依下式计算弯矩:

$$M = \frac{1}{8} q l^2 \qquad (附5-1)$$

式中 M——弯矩最大值(N·m);
q——次梁上的等效均布荷载设计值(N/m);
l——次梁计算长度(m)。

2) 按次梁承受集中荷载依下式作弯矩验算:

$$M = \frac{1}{8} q l^2 + \frac{1}{4} F l \qquad (附5-2)$$

式中 q——次梁上仅依恒荷载计算的均布荷载设计值(N/m);
F——次梁上的集中荷载设计值,可按可变荷载以标准值为1000N计。

3) 取以上两项弯矩值中的较大值按公式(附2-2)计算次梁弯曲强度。

(2) 主梁计算:

1) 主梁以立柱为支承点。将次梁传递的恒荷载和施工活荷载，加上主梁自重的恒荷载。按等效均布荷载计算最大弯矩。

立杆为3根时，可按下式计算位于中间立柱上部的主梁负弯矩：

$$M = -0.125ql^2 \quad \text{(附5-3)}$$

式中　q——主梁上的等效均布荷载设计值(N/m)；

　　　l——主梁计算长度(m)。

2) 以上项弯矩值按公式(附2-2)计算主梁弯曲强度。

(3) 立柱计算：

1) 立柱以中间立柱为准，按轴心受压依下式计算强度：

$$\sigma = \frac{N}{A_n} \leqslant f \quad \text{(附5-4)}$$

式中　σ——受压正应力(N/mm^2)

　　　N——轴心压力(N)；

　　　A_n——立柱净截面积(mm^2)；

　　　f——抗压强度设计值(N/mm^2)。

2) 立柱尚应按下式计算其稳定性：

$$\frac{N}{\varphi A} \leqslant f \quad \text{(附5-5)}$$

式中　φ——受压构件的稳定系数，按立柱最大长细比 $\gamma = l/i$ 采用；

　　　A——立柱的毛截面积(mm^2)

注：(1) 计算中的荷载设计值、恒荷载应按标准乘以永久荷载分项系数 $\gamma_Q = 1.2$ 取用，活荷载应按标准值乘以可变荷载分项系数 $\gamma_Q = 1.4$ 取用。

(2) 钢管的抗弯、抗压强度设计值可按 $f = 215 \text{N/mm}^2$ 取用。

(二) 结构构造：

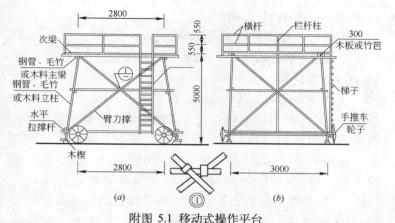

附图 5.1 移动式操作平台

(a)立面图；(b)侧面图

二、悬挑式钢平台

(一) 杆件计算：

悬挑式钢平台可以槽钢作次梁与主梁，上铺厚度不小于50mm的木板，并以螺栓与槽钢相固定。杆件计算可按下列步骤进行。荷载设计值与强度设计值的取用同本附录(一)。钢丝绳的取用应按现行的《结构安装工程施工操作规程》YSJ 404—89的规定执行。

(1) 次梁计算：

1) 恒荷载(永久荷载)中的自重，采用[10cm槽钢时以100/N/m计，铺板以400N/m²计；施工活荷载(可变荷载)以1500N/m²计。按次梁承受均布荷载考虑，依公式(附5-1)计算弯矩。当次梁带悬臂时，依下式计算弯矩：

$$M = \frac{1}{8} q l^2 (1-\lambda^2)^2 \qquad (附5-6)$$

式中 λ——悬臂比值，$\lambda = m/l$；

m——悬臂长度(m);

l——次梁两端搁支点间的长度(m)。

2) 以上项弯矩值按公式(附2-2)计算次梁弯曲强度。

(2) 主梁计算:

1) 按外侧主梁以钢丝绳吊点作支承点计算。为安全计,按里侧第二道钢丝绳不起作用,里侧槽钢亦不起作用计算。将次梁传递的恒荷载和施工活荷载,加上主梁自重的恒荷载,按公式(附5-1)计算外侧主梁弯矩值。主梁采用[20cm槽钢时,自重以260N/m计。当次梁带悬臂时,先按公式(附5-7)计算次梁所传递的荷载;再将此荷载换算为封闭均布荷载设计值,加上主梁自重的荷载设计值,按公式(附5-1)计算外侧主梁弯矩值:

$$R_{外} = \frac{1}{2} ql(1+\lambda)^2 \qquad (附5-7)$$

式中 $R_{外}$——次梁搁置于外侧主梁上的支座反力,即传递于主梁的荷载(N)。

2) 将上项弯矩按公式(附2-2)计算外侧主梁弯曲强度。

(3) 钢丝绳验算:

1) 为安全计,钢平台每侧两道钢丝绳均以一道受力作验算。钢丝绳按下式计算其所受拉力:

$$T = \frac{ql}{2\sin\alpha} \qquad (附5-8)$$

式中 T——钢丝绳所受拉力(N);

q——主梁上的均布荷载标准值(N/m);

l——主梁计算长度(m);

α——钢丝绳与平台面的夹角;当夹角为45°时 $\sin\alpha=0.707$;为60°时,$\sin\alpha=0.866$。

2) 以钢丝绳拉力按下式验算钢丝绳的安全系数K:

$$K = \frac{F}{T} \tag{附5-9}$$

式中 F——钢丝绳的破断拉力,取钢丝绳的破断拉力总和乘以换算系数[N];

$[K]$——作吊索用钢丝绳的法定安全系数,定为10。

(二) 结构构造:

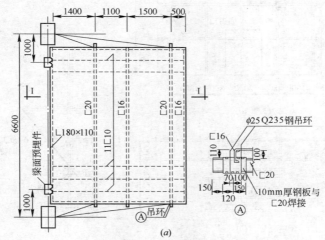

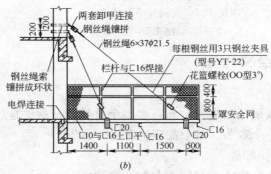

附图 5.2 悬挑式钢平台

(a)平面图;(b)I—I剖面图

附录六 交叉作业通道防护实例

交叉作业通道防护见附图6.1。

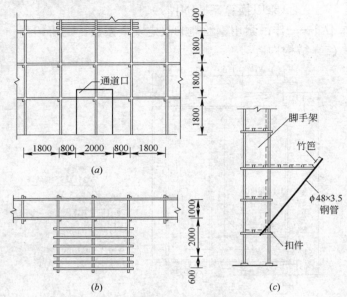

附图 6.1 交叉作业通道防护
(a)立面图;(b)平面图;(c)剖面图

3.2 学习步骤

(1) 通读:

了解整篇规范的架构,共有多少个自然段,这些自然段又分出了多少个章节,每个章节包含几个小节。

(2) 分章节阅读:

分章节按自然段落阅读,在每个自然段落之后标注一下具体内容。一个章节之后,将本章节做个小结。

(3) 提炼各章节的主要内容。
(4) 通过一步步学习,总结本规范的重点,从而了解本规范阐述的核心内容。

3.3 《建筑施工高处作业安全技术规范》自然段落提示

《建筑施工高处作业安全技术规范》(以下简称本规范)共有六个章节:

第一章:总则 共计4条
重点阐述本规范制定的目的、适用范围、高处作业的定义和基本类型。

第二章:基本规定 共计10条
重点阐述一般要求和基本规定,对从事高处作业人员的行为和保持物的安全状态做了规定,属于高处作业的常识范畴。

第三章:临边与洞口作业的安全防护 共计7条
本章节又分两个小节,分别阐述临边作业和洞口作业的防护措施和技术规范。
第一节:临边作业 共计4条
3.1.1 临边高处作业设置防护设施的一般规定
3.1.2 临边作业防护栏杆件规格及连接要求
3.1.3 临边作业防护栏搭设具体要求
3.1.4 临边防护栏的力学计算及构造形式
第二节:洞口作业 共计3条

3.2.1 洞口作业的定义
3.2.2 根据洞口大小所做防护的具体要求
3.2.3 具体的计算要求

第四章：攀登与悬空作业的安全防护 共计20条
本章节又分了两个小节，分别阐述了攀登与悬空作业安全防护的基本要求
第一节：攀登作业 共12条
4.1.1～4.1.3 基本要求，施工组织设计、构件施工图以及荷载验算的明确规定
4.1.4～4.1.7 移动式梯子的基本要求
4.1.8～4.1.9 固定式直爬梯的具体要求
4.1.10～4.1.12 安装钢柱及钢屋架的具体要求
第二节：悬空作业 共计8条
4.2.1～4.2.2 悬空作业的基本要求
4.2.3 构件吊装和管道安装悬空作业时的具体规定
4.2.4 模板支撑和拆卸悬空作业时的具体规定
4.2.5 钢筋绑扎悬空作业时的具体规定
4.2.6 混凝土浇筑悬空作业时的具体规定
4.2.7 进行预应力张拉悬空作业时的具体规定
4.2.8 门窗以及门窗安装悬空作业时的具体规定

第五章：操作平台与交叉作业的安全防护
本章节主要就操作平台及交叉作业的防护作了规定 共计10条
第一节：操作平台 共计4条
5.1.1 移动式操作平台的具体规定

5.1.2 悬挑式钢平台的具体规定
5.1.3 标明容许荷载值、人员和物的总重量
5.1.4 力学计算与构造形式
第二节：交叉作业 共计6条
5.2.1 各种交叉作业进行时的具体规定
5.2.2~5.2.3 拆除作业时的要求和规定
5.2.4~5.2.5 通道及通道口的具体规定
5.2.6 通道防护的构造形式详见附录

第六章：高处作业安全防护设施的验收
本章节对高处作业各种防护设施的要求做了具体规定 共计5条
6.0.1~6.0.2 对验收的条件和人员做了具体规定
6.0.3 验收所需的资料
6.0.4 验收包含的内容
6.0.5 验收记录和抽查的具体规定

3.4 《建筑施工高处作业安全技术规范》核心内容提示

《建筑施工高处作业安全技术规范》(以下简称本规范)主要针对高处作业施工过程中容易发生危险的部位以及防护措施进行了阐述。我们知道，只有对发生危险的各种因素了解得比较清楚，才有可能通过了解防护的要求和措施去加以预防，因此班组在学习时，应该重点关注以下几个方面的内容：

(1) 了解基本类型，知道高处作业最容易发生危险的部位
本规定阐述了高处作业的基本类型，包含了临边、洞

口、攀登、悬空以及操作平台和交叉作业等六个类型,其实这些类型间接地告诉我们高处作业最容易发生的危险就在于这几个重点部位。通常我们所说的危险预知,就是要在工作前先将危险点梳理一下,以便在工作过程中加以预防。

(2) 了解规范中的一般规定和基本要求,约束自己的行为

我们知道,事故发生的基本要素包含以下三个方面,即:人的不安全行为、物的不安全状态和环境的不安全因素,在以往的数字统计中,高处坠落的事故85%以上是由于人的不安全行为导致的。可见约束自己的行为,养成良好的习惯对防止高处坠落事故发生是多么的重要。为提高大家的安全意识,编者根据规范规定进行了总结,要点如下:

1) 凡参加高处作业人员必须经医生检查身体合格,患有高血压、精神病、癫痫病以及视力听力、严重障碍的人员,一律不得从事高处作业。

2) 凡参加高处作业的人员,应在开工前接受过安全教育培训并考试合格,除此之外还要接受专业技术人员的安全技术交底,双方履行签字手续后,方可操作。

3) 参加高处作业的人员应按规定戴好安全帽、扎好安全带;衣服袖口、裤腿下方要扎紧;不穿高跟鞋和带钉易滑的鞋。

4) 登高架设作业人员(如架子工、塔式起重安拆作业人员)必须经过专门的技术培训,经考试合格,持有安全监察部门核发的《特种作业安全操作证》方可上岗操作。

5) 严禁酒后作业,如有违反导致发生事故,工伤保险不负担。

6) 严禁高处作业时打闹斗气,追逐嬉戏,不得随意抛掷和向下丢弃物品。

7) 严禁睡眠不足和情绪不好时登高作业。

8) 登高作业时随身携带的工具袋要精心保管,较大的工具要放在不影响通行的地方,必要时捆好;坚持下班清扫制度,做到工完场清。

9) 不得随意拆卸防护设施,不得在高处不安全的地方休息。

10) 确认架子是经过相关部门验收合格后,方可登高作业。

(3) 了解规范中的一般技术规定,逐渐掌握发现隐患、排除隐患的技能

1) 临边的防护

凡是临边作业,都要在临边处设置防护栏杆,一般上杆离地面高度为1.0到1.2m,下杆离地面高度为0.5~0.6m;防护栏杆必须自上而下用安全网封闭,或在栏杆下边设置严密固定的高度不低于18cm挡脚板或40cm的挡脚笆。

2) 洞口的防护

对于洞口作业,可根据具体情况和实际大小采取设防护栏杆、加盖板、张挂安全网与装栅门等措施。

3) 攀登作业的防护

进行攀登作业时,作业人员要从规定的通道上下,不能在阳台之间等非规定通道进行攀登,也不得任意利用吊车车臂等施工设备进行攀登。

4) 悬空作业的防护

进行悬空作业时,要设有牢靠的作业立足点,并视具体情况设置防护栏杆,搭设脚手架、操作平台,使用马凳,张挂安全网或其他安全措施;作业所用的索具、脚手板、吊篮、吊笼、平台等设备,均要在技术鉴定后方能使用。

5) 操作平台的防护

操作平台的面积不得超过10m²，高度不应超过5m，还要进行稳定计算。装设轮子的移动式操作平台立柱底端不得超过80mm。悬挑式钢平台的搁支点与拉结点，必须位于建筑物上，钢平台两侧必须装置固定的防护栏杆。

6) 交叉作业的防护

进行交叉作业时，不得在上下同一垂直方向上操作，下层作业的位置必须处于依上层高度确定的可能坠落的范围之外。不符合上述条件时，必须设置安全防护层。

7) 高处作业警示

密切注意天气变化，遇有六级以上强风、浓雾等恶劣天气不得进行攀登与悬空作业；高处作业施工前，所有设施要进行检查和验收，合格后方可使用；在高处作业范围以及高处坠物伤害范围内，必须设置安全警示标志，并派人做好旁站，保护好施工人员，并防止伤害到无关人员。

4. 试题答案

4.1 临边与洞口作业练习试题答案

第一、填空题
(1) 2m以上(含2m)
(2) 施工负责人　立即恢复
(3) 1.0～1.2m　0.5～0.6m
(4) 防护栏杆　固定栅门　两　10m
(5) 150cm　防护栏杆　安全平网

第二、判断题
(1) ×；(2) √；(3) ×；(4) √；(5) ×；(6) √

第三、案例分析题
(1) 楼梯临边安全防护不到位或防护设施被拆除。
(2) 加强对工人的安全教育，先防护，后施工。
(3) 施工现场应加强安全监督检查的力度，发现隐患立即整改消除。

4.2 攀登与悬空作业练习试题答案

第一、填空题
(1) 面向梯子
(2) 75°±5°　30cm
(3) 35°～45°　铰链
(4) 站人　行走
(5) 操作平台　模板　支撑件
(6) 操作台架　张挂安全网

第二、判断题
(1) ×；(2) √；(3) ×；(4) ×；(5) √；(6) √

第三、案例分析题

(1) 虽佩戴了安全带，却没有将安全带拴挂，以至于身体失稳发生坠落时安全带不能起到保护作用。

(2) 施工单位没有严格履行对分包单位安全施工的监督管理、安全检查的职责，使得分包单位现场安全管理不到位，作业人员违章行为没有及时被发现和制止。

(3) 作业人员安全意识淡薄，不能自觉遵守安全操作规程，导致违章作业。

4.3 操作平台与交叉作业练习试题答案

第一、填空题

(1) 安全防护棚　24m

(2) $10m^2$　5m

(3) 防护栏杆　登高扶梯

(4) 3个

(5) 警戒区　专人监护　同时拆除

第二、判断题

(1) ×；(2) ×；(3) ×；(4) √；(5) ×

第三、案例分析题

(1) 交叉作业未采取可靠的防护措施。

(2) 检查不到位，对于现场的安全隐患未能及时的发现并消除。